Rajakumari K
Ivo Romauld S
Meenambiga SS

Biossíntese e caraterização de nanopartículas de prata

Rajakumari K
Ivo Romauld S
Meenambiga SS

Biossíntese e caraterização de nanopartículas de prata

Biossíntese e caraterização de nanopartículas de prata produzidas por um potencial agente de controlo biológico Pseudomonas sp. FPMKU2

ScienciaScripts

Imprint

Any brand names and product names mentioned in this book are subject to trademark, brand or patent protection and are trademarks or registered trademarks of their respective holders. The use of brand names, product names, common names, trade names, product descriptions etc. even without a particular marking in this work is in no way to be construed to mean that such names may be regarded as unrestricted in respect of trademark and brand protection legislation and could thus be used by anyone.

Cover image: www.ingimage.com

This book is a translation from the original published under ISBN 978-620-7-64900-6.

Publisher:
Sciencia Scripts
is a trademark of
Dodo Books Indian Ocean Ltd. and OmniScriptum S.R.L publishing group

120 High Road, East Finchley, London, N2 9ED, United Kingdom
Str. Armeneasca 28/1, office 1, Chisinau MD-2012, Republic of Moldova, Europe
Printed at: see last page
ISBN: 978-620-7-76557-7

Biossíntese e caraterização de nanopartículas de prata produzidas por um potencial agente de controlo biológico Pseudomonas sp. FPMKU20

Rajakumari K[1*] , S. Ivo Romauld[1] , Meenambiga SS[1]

[1] Professor Assistente, Departamento de Bioengenharia, Vels Institute of Science, Technology and Advanced Studies (VISTAS), Chennai

*rajakumari.se@velsuniv.ac.in

ÍNDICE DE CONTEÚDOS

RESUMO

As nanopartículas de prata (AgNPs) têm merecido uma atenção significativa devido às suas diversas aplicações em vários domínios, incluindo a medicina, a agricultura e a remediação ambiental. Neste estudo, relatamos a biossíntese e a caraterização de nanopartículas de prata utilizando Pseudomonas sp. FPMKU20, um promissor agente de biocontrolo. A biossíntese de AgNPs foi conseguida através da redução de iões de prata presentes no meio de reação pelos componentes biológicos de Pseudomonas sp. FPMKU20. A formação de AgNPs foi confirmada por espetroscopia UV-Vis, mostrando um pico caraterístico de ressonância plasmónica de superfície a cerca de 420 nm. A caraterização posterior utilizando técnicas como a microscopia eletrónica de transmissão (TEM), a microscopia eletrónica de varrimento (SEM) e a difração de raios X (XRD) revelou a morfologia, a distribuição do tamanho e a estrutura cristalina das AgNPs sintetizadas. As análises TEM e SEM indicaram que as AgNPs tinham uma forma esférica com um tamanho médio que variava entre 10 e 50 nm. Além disso, a análise XRD confirmou a natureza cristalina das AgNPs. As AgNPs biofabricadas exibiram uma potente atividade antimicrobiana contra um painel de microrganismos patogénicos, sugerindo a sua potencial aplicação como agentes antimicrobianos eficazes. Além disso, a biocompatibilidade das AgNPs foi avaliada através de ensaios de citotoxicidade, demonstrando a sua adequação para aplicações biomédicas. No geral, as AgNPs biossintetizadas por Pseudomonas sp. FPMKU20 são promissoras para várias aplicações, incluindo agentes antimicrobianos, dispositivos biomédicos e estratégias de remediação ambiental.

Palavras-chave: Nanopartículas de prata, Pseudomonas sp, biossíntese, antibacteriano, Microscópio de Força Atómica, etc,

CAPÍTULO I

INTRODUÇÃO

1.1 Nanotecnologia

A nanotecnologia, a área de investigação mais fascinante em que o prefixo nano deriva da palavra grega nanos que significa "anão" em grego e que se refere a coisas com um bilionésimo de 10^9 m de tamanho. Uma molécula de ADN tem 2,5 nm de largura, uma proteína cerca de 50 nm e um vírus da gripe cerca de 100 nm. Um cabelo humano tem 10.000 nm de espessura. Uma nanopartícula é uma partícula microscópica com menos de uma dimensão inferior a 100 nm. As nanopartículas têm normalmente entre 0,1 e 1000 nm em cada dimensão espacial e são normalmente sintetizadas utilizando duas estratégias,

> ➢ De cima para baixo
> ➢ De baixo para cima

Na abordagem descendente, os materiais a granel são gradualmente decompostos em materiais de dimensão nanométrica, ao passo que na abordagem ascendente, os átomos ou moléculas são reunidos em estruturas moleculares na gama dos nm.

1.11 Abordagens descendentes

Estes procuram criar dispositivos mais pequenos, utilizando dispositivos maiores para orientar a sua montagem.

- Muitas tecnologias que descendem dos métodos convencionais de silício de estado sólido para o fabrico de microprocessadores são agora capazes de criar elementos mais pequenos do que 100 nm, o que se enquadra na definição de nanotecnologia. Os discos rígidos gigantes baseados em resistência magnética já existentes no mercado enquadram-se nesta descrição, tal como as técnicas de deposição de camadas atómicas (ALD). Peter Grünberg e Albert Fert receberam o Prémio Nobel da Física em 2007 pela sua descoberta da resistência magnética gigante e pelas suas contribuições para o campo da spintrónica.

- As técnicas de estado sólido podem também ser utilizadas para criar dispositivos conhecidos como sistemas nanoelectromecânicos ou NEMS, que estão relacionados com os sistemas microelectromecânicos ou MEMS.

- Os feixes de iões focalizados podem remover diretamente material ou mesmo depositar material quando são aplicados simultaneamente gases pré-cursores adequados. Por exemplo, esta técnica é utilizada rotineiramente para criar secções de material com menos de 100 nm para análise em microscopia eletrónica de transmissão.

- As pontas do microscópio de força atómica podem ser utilizadas como uma "cabeça de escrita" à escala nanométrica para depositar uma resistência, a que se segue um processo de gravação para remover material num método descendente.

1.12 Abordagens ascendentes

Estes procuram organizar componentes mais pequenos em conjuntos mais complexos.

- A nanotecnologia do ADN utiliza a especificidade do emparelhamento de bases Watson-Crick para construir estruturas bem definidas a partir do ADN e de outros ácidos nucleicos.

- As abordagens do domínio da síntese química "clássica" (síntese inorgânica e orgânica) visam igualmente a conceção de moléculas com formas bem definidas (por exemplo, bis-peptídeos).

- Em termos mais gerais, a auto-montagem molecular procura utilizar conceitos de química supramolecular, e o reconhecimento molecular em particular, para fazer com que os componentes de uma única molécula se organizem automaticamente numa conformação útil.

- As pontas dos microscópios de força atómica podem ser utilizadas como "cabeça de escrita" à escala nanométrica para depositar um produto químico numa superfície com um padrão desejado, num processo designado nanolitografia por imersão. Esta técnica insere-se no subcampo mais vasto da nanolitografia

1.13 Abordagens funcionais

Estas procuram desenvolver componentes com uma funcionalidade desejada sem ter em conta a forma como podem ser montados.

- A eletrónica à escala molecular procura desenvolver moléculas com propriedades electrónicas úteis. Estas poderiam então ser utilizadas como componentes de uma única molécula num dispositivo nanoelectrónico.

- Os métodos químicos sintéticos também podem ser utilizados para criar motores moleculares sintéticos, como num chamado nanocarro.

Prevê-se que a nanotecnologia influencie significativamente a ciência, a economia e a vida quotidiana no século XXI e que se torne uma das forças motrizes da próxima revolução industrial. Os diferentes domínios desta nova tecnologia incluem a produção, a caraterização e a manipulação de estruturas à escala nanométrica.

Nas últimas décadas, o interesse da ciência e da indústria centrou-se na produção de nanopartículas - partículas sólidas que podem ser não cristalinas, agregados de cristalitos ou cristalitos únicos na gama de 1-1000nm. Para além dos procedimentos de produção químicos e físicos bastante estabelecidos. Para além dos processos de produção químicos e físicos já bastante estabelecidos, foram encontrados numerosos organismos que sintetizam nanopartículas. Os sistemas de produção biológica são de especial interesse devido à sua eficácia e flexibilidade. As células microbianas são unidades altamente organizadas, no que respeita à morfologia e às vias metabólicas, capazes de sintetizar partículas reprodutíveis com tamanho e estrutura bem definidos.

1.2 Nanopartículas de prata

Há muito que se sabe que a prata ou os iões de prata possuem fortes efeitos inibitórios e bactericidas, bem como um amplo espetro de actividades antimicrobianas. Foram desenvolvidas várias propostas para explicar os efeitos inibitórios do ião de prata/metal de prata nas bactérias. Acredita-se geralmente que os metais pesados reagem com as proteínas através da combinação dos grupos tiol (- SH), o que leva à inativação das proteínas. Experiências microbiológicas e químicas recentes revelaram que a interação dos iões de prata com os grupos tiol desempenha um papel essencial na inativação bacteriana.

As nanopartículas de prata têm propriedades ópticas, eléctricas e térmicas únicas e estão a ser incorporadas em produtos que vão desde os fotovoltaicos aos sensores biológicos e químicos. Os exemplos incluem tintas condutoras, pastas e enchimentos que utilizam nanopartículas de prata devido à sua elevada condutividade eléctrica, estabilidade e baixas temperaturas de sinterização. Outras aplicações incluem diagnósticos moleculares e dispositivos fotónicos, que tiram partido das novas propriedades ópticas destes nanomateriais. Uma aplicação cada vez mais comum é a utilização de nanopartículas de prata em revestimentos antimicrobianos, e muitos têxteis, teclados, pensos para feridas e dispositivos biomédicos contêm agora nanopartículas de prata que libertam continuamente um baixo nível de iões de prata para proporcionar proteção contra bactérias.

O mecanismo do efeito bactericida das nanopartículas de coloides de prata não é muito bem conhecido. As nanopartículas de prata podem ligar-se à superfície da membrana celular e perturbar propriedades como a permeabilidade e a respiração. É razoável assumir que a ligação das partículas aos microrganismos depende da área de superfície disponível para interação. As partículas mais pequenas, com maior área de superfície disponível para a interação, terão um maior efeito bactericida do que as partículas maiores

1.3 Espécies bacterianas

As pseudomonas fluorescentes são bactérias Gram-negativas em forma de bastonete que habitam o solo, as plantas e as superfícies da água. A temperatura óptima de crescimento situa-se entre 25-30°C. Os pigmentos verdes fluorescentes solúveis são produzidos quando a concentração de ferro é baixa. A importância destes organismos tem aumentado devido à sua capacidade de degradar vários poluentes e à sua utilização como biocontrolo contra agentes patogénicos. Pseudomonadaceae é uma família muito grande e importante de bactérias gram negativas.

São um grupo de bactérias quimio heterotróficas com funções versáteis e estão predominantemente presentes no solo. Têm a capacidade de colonizar a rizosfera de uma grande variedade de culturas, incluindo cereais, leguminosas, oleaginosas e vegetais (Johri *et al.*, 1997). O género *Pseudomonas* inclui espécies fluorescentes e não fluorescentes. As espécies fluorescentes produzem pigmentos verde-amarelos solúveis em água e fluorescem sob radiação UV de baixo comprimento de onda.

Embora algumas pseudomonas fluorescentes sejam agentes patogénicos bem conhecidos das plantas (*Pseudomonas syringae*), reconhece-se agora que outros membros deste grupo são benéficos para as plantas. Sabe-se que produzem metabolitos secundários como sideróforos, antibióticos, HCN (Sindhu *et al.*, 1997) e enzimas como proteases e glucanases (Jensen *et al.*, 1980; Hamamoto *et al.*, 1994) que as tornaram o grupo mais promissor de rizobactérias promotoras do crescimento de plantas envolvidas no biocontrolo de doenças das plantas (Kloepper *et al.*, 1980b., Suslow, 1982., Suslow e Schroth, 1982). Certas estirpes de pseudomonadas fluorescentes são conhecidas por solubilizar fosfatos inorgânicos insolúveis.

O género *Pseudomonas* engloba, sem dúvida, o grupo de bactérias mais diversificado e ecologicamente significativo do planeta. São tipicamente bastonetes móveis com flagelos polares, tal como definido por Palleroni *et al.* (1973). As pseudomonas fluorescentes são bactérias ubíquas que são habitantes comuns da rizosfera e constituem o grupo mais estudado do género *Pseudomonas*. Podem ser visualmente distinguidas das outras espécies de *Pseudomonas* do solo pela sua capacidade de produzir pigmentos verde-amarelos solúveis em água. Incluem *Pseudomonas aeruginosa*, a espécie tipo do género, *P. aureofaciens, P. chlororaphis, P. fluorescens, P. Putida* e as espécies fitopatogénicas *P. cichorii* e *P. syringae* (Dwivedi e Johri, 2003). Todas as pseudomonas fluorescentes pertencem a um dos cinco "grupos de homologia do ácido ribonucleico", tal como definido por experiências de complementação rRNA-DNA. O teor de G + C varia de 58 a 68%. A maioria das pseudomonas benéficas para as plantas é bastante heterogénea, na medida em que inclui um conjunto de estirpes gram-negativas não entéricas que são geralmente aeróbias, não fermentadoras e móveis (Dwivedi e Johri, 2003).

Parecem ser omnipresentes, mas as referências à especiação ecológica de alguns dos

Encontram-se espécies na literatura. Uma das primeiras referências (de Jang, 1926) avançou a ideia de que *Pseudomonas putida,* a espécie fluorescente incapaz de liquefação de gelatina, é um organismo típico do solo e que *Pseudomonas fluorescens,* a liquefactora de gelatina, se encontra predominantemente na água.

1.4 Síntese microbiana de nanopartículas de prata

A síntese microbiana de nanopartículas é uma abordagem de química verde que interliga a nanotecnologia e a biotecnologia microbiana. Tem sido utilizada uma série de métodos físicos, químicos e biológicos para sintetizar nanomateriais. A fim de sintetizar nanopartículas de metais nobres de forma e tamanho específicos, foram formuladas metodologias específicas. A bio-redução dos iões Ag+ pode estar associada a processos metabólicos que utilizam

nitrato, reduzindo o nitrato a nitrilo e amónio (Langke et al. 2007).

1.5 Aplicações

Atualmente, as bactérias acumuladoras de metais têm mostrado potencial para a ciência dos materiais. A biomimética é a área de investigação que lida com a ciência e a engenharia dos materiais através da biologia. As bactérias estão envolvidas como trabalhadores na fábrica viva e uma infinidade de novas partículas nanoestruturadas com propriedades inesperadas são produzidas na fábrica viva, que têm aplicações nas ciências biomédicas, ópticas, magnéticas, mecânicas, na catálise e na ciência da energia. Estes materiais biológicos podem ser utilizados na sua forma nativa, diretamente extraídos dos sistemas vivos, ou podem ser processados após a extração e modificados para a forma desejada. As nanopartículas de prata actuam como agente antimicrobiano e antibiótico quando incorporadas em proteínas, nanofibras, pensos de primeiros socorros, plásticos, sabão e têxteis, em tecidos de limpeza de células e como carga condutora.

1.5.1 Controlo biológico das doenças das plantas

Muitos microrganismos do solo possuem múltiplas características benéficas de mobilização de nutrientes, produção de substâncias promotoras do crescimento das plantas (PGPS) e capacidade de biocontrolo. Estes organismos desempenham um papel importante na manutenção da produção agrícola. As rizobactérias promotoras do crescimento das plantas (PGPR), um grupo de bactérias associadas às raízes, interagem intimamente com as raízes das plantas e, consequentemente, influenciam a saúde das plantas e a fertilidade do solo. Oferecem uma excelente combinação de características úteis no controlo de doenças e na promoção do crescimento das plantas. Entre as PGPR, as pseudomonadas fluorescentes emergiram como o maior e potencialmente mais promissor grupo de PGPR com o seu rápido crescimento, requisitos nutricionais simples, capacidade de utilizar diversos substratos orgânicos e mobilidade. As pseudomonadas fluorescentes produzem moléculas antifúngicas de largo espetro altamente potentes contra vários fitopatógenos, actuando assim como agentes de controlo biológico eficazes. Estão bem equipadas como colonizadores primários de raízes. Através de vários mecanismos, *nomeadamente* a produção de antibióticos (Gutterson *et al.*, 1988), sideróforos (Kloepper *et al.*, 1980), HCN (Defago *et al.*, 1990) e a competição por espaço e nutrientes (Elad *et al.*, 1987), inibem os agentes patogénicos das plantas transmitidos pelo solo. A melhoria da sustentabilidade agrícola exige uma utilização e gestão optimizadas da fertilidade e das propriedades físicas do solo, ambas dependentes dos processos biológicos e da biodiversidade do solo. Os métodos biológicos constituem uma excelente estratégia alternativa para o controlo eficaz de várias doenças e da atividade de promoção do crescimento das plantas. Nos últimos anos, tem-se registado um grande sucesso na obtenção de

controlo biológico de agentes patogénicos das plantas através de técnicas de bacterização.

1.5.2 Controlo biológico

Nos últimos anos, uma grande diversidade de microrganismos da rizosfera foi descrita, caracterizada e, em muitos casos, testada quanto à sua atividade como agentes de biocontrolo contra fitopatógenos transmitidos pelo solo. Esses microrganismos podem produzir substâncias que podem limitar os danos causados pelos fitopatógenos, por exemplo, produzindo antibióticos, sideróforos e uma variedade de enzimas ou induzindo uma resistência sistémica nas plantas hospedeiras. Estes microrganismos podem também funcionar como competidores dos agentes patogénicos por locais de colonização e nutrientes. O grupo de bactérias da rizosfera mais amplamente estudado no que diz respeito ao biocontrolo é o das pseudomonadas fluorescentes.

Sabe-se que vários microrganismos do solo melhoram o crescimento das plantas diretamente através da mobilização de nutrientes e da produção de hormonas vegetais e indiretamente através da supressão de agentes patogénicos das plantas ou da indução de resistência sistémica nas plantas. Os microrganismos do solo que aumentam a disponibilidade de nutrientes para as plantas incluem fixadores de azoto, solubilizadores de P, produtores de IAA e GA, que têm sido utilizados para desenvolver biofertilizantes. Outros microrganismos do solo, que possuem a capacidade de melhorar o crescimento das plantas indiretamente através da supressão de organismos causadores de doenças ou da indução de resistência sistémica nas plantas, foram também desenvolvidos como bioinoculantes.

Muitos microrganismos do solo possuem múltiplas características benéficas de mobilização de nutrientes, produção de substâncias promotoras do crescimento das plantas (PGPS) e capacidade de biocontrolo. Estes organismos desempenham um papel importante na manutenção da produção agrícola. As rizobactérias promotoras do crescimento das plantas (PGPR), um grupo de bactérias associadas às raízes, interagem intimamente com as raízes das plantas e, consequentemente, influenciam a saúde das plantas e a fertilidade do solo. Oferecem uma excelente combinação de características úteis no controlo de doenças e na promoção do crescimento das plantas. Entre as PGPR, as pseudomonadas fluorescentes emergiram como o maior e potencialmente mais promissor grupo de PGPR com o seu rápido crescimento, requisitos nutricionais simples, capacidade de utilizar diversos substratos orgânicos e mobilidade. As pseudomonadas fluorescentes produzem moléculas antifúngicas de largo espetro altamente potentes contra vários fitopatógenos, actuando assim como agentes de controlo biológico eficazes. Estão bem equipadas como colonizadores primários de raízes. Através de vários mecanismos, *nomeadamente* a produção de antibióticos (Gutterson *et al.*, 1988), sideróforos (Kloepper *et al.*, 1980), HCN (Defago *et al.*, 1990) e a competição por espaço e nutrientes

(Elad *et al.*, 1987), inibem os agentes patogénicos das plantas transmitidos pelo solo. Poderiam servir como bioinoculantes promissores para o sistema agrícola, a fim de aumentar a produtividade, uma vez que a ação dessas bactérias é altamente específica, ecológica e rentável.

Há uma série de questões de investigação que ainda não foram totalmente respondidas sobre a natureza do controlo biológico e os meios de o gerir mais eficazmente em condições de produção. Atualmente, estão a ser utilizadas técnicas moleculares avançadas para caraterizar a diversidade, a abundância e as actividades dos micróbios que vivem dentro e à volta das plantas, incluindo os que têm um impacto significativo na saúde das plantas. No entanto, ainda há muito a aprender sobre a ecologia microbiana tanto dos agentes patogénicos das plantas como dos seus antagonistas microbianos em diferentes sistemas agrícolas. Há ainda trabalho fundamental a fazer para caraterizar os diferentes mecanismos através dos quais os aditivos orgânicos reduzem as doenças das plantas. É necessário realizar mais estudos sobre os aspectos práticos da produção em massa e da formulação para tornar os novos produtos de biocontrolo estáveis, eficazes, mais seguros e mais rentáveis.

1.6 Mecanismos

Além disso, outras áreas de investigação no domínio da fitopatologia abriram novas oportunidades para o controlo de doenças. A investigação sobre os mecanismos de biocontrolo utilizados por estirpes bacterianas eficazes revelou uma variedade de produtos naturais que podem ser explorados para o desenvolvimento de medidas de controlo químico. Um exemplo bem conhecido é a pirrolnitrina, um produto natural produzido por algumas *Pseudomonas* spp. Este composto forneceu o modelo químico para o desenvolvimento do fludioxonil, um fungicida de largo espetro utilizado como tratamento de sementes, pulverização foliar ou irrigação do solo. A investigação sobre o mecanismo pelo qual as plantas resistem aos agentes patogénicos bacterianos levou à descoberta da hairpin, uma proteína que está agora a ser utilizada para ativar as defesas das culturas antes do ataque dos agentes patogénicos. De facto, uma variedade de microrganismos patogénicos e não patogénicos podem induzir defesas nas plantas e podem ser úteis como agentes de controlo biológico. Outra investigação, sobre os efeitos das alterações orgânicas, sugere que tanto os componentes químicos como biológicos dos solos tratados com composto podem contribuir para a supressão de doenças. Estas descobertas apontam para o potencial substancial de diversos programas de investigação de base para conduzir a melhorias em várias estratégias de controlo biológico.

1.7 Nanopartículas de prata no controlo biológico

A presente investigação centra-se nas nanopartículas de prata mediadas por *Pseudomonas sp.* envolvidas no biocontrolo da doença do míldio da bainha do arroz, causada por *Rhizoctonia solani*. Também estuda a atividade de largo espetro da estirpe selecionada contra outros agentes patogénicos fúngicos de plantas e agentes patogénicos humanos.

CAPÍTULO II

REVISÃO DA LITERATURA

Richard Feynman, em 1959, referiu que a ideia de Nanotecnologia e a sua metodologia de síntese, características, propriedades e aplicações.

Em 1970, Norio Taniguchi definiu pela primeira vez o termo nanotecnologia. Segundo ele, "a nanotecnologia consiste principalmente no processamento da separação, deformação e consolidação de materiais por um átomo ou por uma molécula".

Nagy et al., 1999; Frattini et al., 2005 referem que a prata é amplamente utilizada como catalisador para a oxidação do metanol em formaldeído e do etileno em óxido de etileno. A prata coloidal é de particular interesse devido às suas propriedades distintivas, como a boa condutividade, a estabilidade química e a atividade catalítica e antibacteriana.

Granqvist et al., 1976; Shibata et al., 1998; Shankar, et al., 2003 referiram que foram desenvolvidos vários métodos de síntese físicos, químicos e biológicos para melhorar o desempenho das nanopartículas que apresentam propriedades melhoradas, com o objetivo de ter um melhor controlo sobre o tamanho, a distribuição e a morfologia das partículas.

Willner et al., 2006; Nair et al., 2002; Shankar et al., 2004 referiram que os métodos biológicos de síntese de nanopartículas utilizando microrganismos, enzimas e plantas ou extractos de plantas foram sugeridos como possíveis alternativas ecológicas aos métodos químicos e físicos.

Sastry et al., 2003; Mandal et al., 2006; Gericke e Pinches, 2006 referiram que a utilização de microrganismos como bactérias, leveduras, fungos e actinomicetas foi descrita para a formação de nanopartículas e suas aplicações.

Podem ser utilizadas bactérias específicas para a síntese de nanopartículas específicas à base de bactérias. Por exemplo, alguns exemplos bem conhecidos de bactérias incluem bactérias magnéticas para nanopartículas magnéticas, bactérias de camada S para gesso e camada de carbonato de cálcio e *Pseudomonas* spp. que habitam em minas de prata e reduzem os iões de prata para formar nanopartículas de prata. Além

14

disso, Dubey *et al.,* 2009, relataram que nanocristais de ouro, prata e suas ligas foram sintetizados nas células de bactérias do ácido lático.

Klaus *et al.,* 1999 relataram que a biossíntese de cristais simples à base de prata utilizando *Pseudomonas stutzeri* AG259.

Taylor et al., 2005, referiram que a nano prata tem um potencial significativo para uma vasta gama de aplicações biológicas, tais como agentes antibacterianos para bactérias resistentes a antibióticos, prevenção de infecções, cicatrização de feridas e anti-inflamatórios.

Morones et al., 2005, referiram que o comportamento bactericida das nanopartículas é atribuído à presença de efeitos electrónicos que resultam da alteração da estrutura eletrónica local da superfície devido a dimensões mais pequenas. Considera-se que estes efeitos contribuem para o aumento da reatividade da superfície das nanopartículas de prata. A prata na forma iónica interage fortemente com os grupos tiol das enzimas vitais e inativa-as. Foi sugerido que o ADN perde a sua capacidade de replicação quando as bactérias são tratadas com iões de prata.

Weller *et al.,* (1988) referiram que o grupo de bactérias da rizosfera mais estudado no que diz respeito ao biocontrolo é o das pseudomonadas fluorescentes.

Suslow e Schroth, 1982, referiram que as pseudomonadas fluorescentes emergiram como o maior e potencialmente mais promissor grupo entre as PGPRs envolvidas no bio-controlo de doenças.

Suresh A. *et al* (2010) referiram que as pseudomonas fluorescentes têm atividade de promoção do crescimento das plantas. Weller (1985) era da opinião de que as pseudomonadas catabolizam diversos nutrientes e têm um tempo de geração rápido na zona radicular.

Spiers *et al.* (2005) referiram que os membros do género *Pseudomonas* se encontram em grande número em todos os principais ambientes naturais, nomeadamente terrestres, de água doce e marinhos, e formam também associações íntimas com plantas e animais.

Dwivedi e Johri, (2003) referiram que as pseudomonadas fluorescentes são bactérias ubíquas que incluem *Pseudomonas aeruginosa,* a espécie tipo do género, *P. aureofaciens, P. chlororaphis, P. fluorescens, P. putida* e as espécies fitopatogénicas *P. cichorii* e *P. syringae.*

Palleroni *et al.* (1973) referiram que as pseudomonas fluorescentes são tipicamente bastonetes gram-negativos, quimio heterotróficos e móveis com flagelos polares.

D.C. Sands e A.D. Rovira, (1970) relataram que o KBA é o melhor meio seletivo para o crescimento de pseudomonadas fluorescentes.

Cornellis e Matthijs (2002) afirmaram que a maioria das pseudomonadas fluorescentes produz sideróforos como as pioverdinas ou as pseudobactinas (que são eficientes na eliminação do ferro).

A abordagem de biocontrolo para a gestão destas doenças é considerada uma alternativa prática e económica. Sabe-se que as Pseudomonas fluorescentes inibem vários fungos fitopatogénicos (Shanahan, P, *et al,* 1992). No entanto, a sua atividade varia consoante as estirpes (Deweger, L. *et al,* 1986). A produção de metabolitos secundários, como antibióticos, sideróforos quelantes de Fe e cianeto, está mais frequentemente associada à supressão de fungos por Pseudomonas fluorescentes na rizosfera de várias culturas (Rabindran, R *et al,* 1996).

Mercado-Blanco *et al.* (2004) referiram que as pseudomonas fluorescentes produziam o sideróforo verde fluorescente, pseudobactina, *in vivo, enquanto* alguns isolados de *Pseudomonas fluorescens* produziam ácido salicílico em meio de succinato ou HCN em ensaios *in vitro.*

Gent e Schwartz, em 2004, referiram que a estirpe A506 de *Pseudomonas fluorescens* reduziu a severidade do míldio foliar de *Xanthomonas* em experiências de campo.

Yuen e Schroth, 1986, relataram que as pseudomonadas fluorescentes são capazes de controlar biologicamente as doenças fúngicas da laranja, do limão, das raízes dos citrinos e das plantas ornamentais.

Howell e Stipanovic, (1979) relataram que uma estirpe de *Pseudomonas fluorescens* mostrou propriedades antagonistas contra *Rhizoctonia solani*.

Chand e Logan, (1984) referiram que várias estirpes de *Pseudomonas fluorescens* isoladas da rizosfera de plantas de batata eram antagonistas de *Rhizoctonia solani in vitro* e reduziam eficazmente o cancro do caule em condições laboratoriais.

Deepti e Johri, (2003) referiram que as Pseudomonas suprimem os agentes patogénicos fúngicos do solo através da produção de metabolitos antifúngicos como a pioluteorina, a pirrolnitrina, as fenazinas e o 2, 4-di-acetil-floroglucinol.

Saikia *et al* (2004) referiram que *a Pseudomonas aeruginosa* RS B29 inibe o crescimento de *Fusarium oxysporum, Fusarium udum, Fusarium solani, Rhizoctonia solani* e *Macrophomina phaseolina* em condições *in vitro* através da produção de um metabolito antifúngico.

Ramette *et al.* (2003) referiram que o cianeto de hidrogénio (HCN) é um composto antimicrobiano de largo espetro envolvido no controlo biológico de doenças radiculares por muitas pseudomonadas fluorescentes associadas a plantas.

Haas e Defago (2005) referiram que, durante a colonização das raízes, as pseudomonas fluorescentes produzem antibióticos antifúngicos, induzem resistência sistémica na planta hospedeira ou interferem especificamente com factores de patogenicidade dos fungos.

Benizri *et al., (*1998) e Suneesh, (2004) referiram que as pseudomonas fluorescentes são conhecidas por produzirem substâncias que promovem o crescimento das plantas, como auxinas, giberelinas e citocininas.

D J O'Sullivan (1992) referiu que Pseudomonas spp. fluorescentes estão envolvidas na supressão de agentes patogénicos das raízes das plantas.

Sindhu *et al., (*1997) referiram que as pseudomonas fluorescentes são conhecidas por produzirem metabolitos secundários como sideróforos, antibióticos e HCN.

Jensen *et al., (*1980) referiram que as pseudomonas fluorescentes são conhecidas por produzirem metabolitos secundários como enzimas como proteases e glucanases.

Kloepper *et al.,* (1980b) referiram que as pseudomonadas fluorescentes as tornaram o grupo mais promissor de rizobactérias promotoras do crescimento de plantas envolvidas no biocontrolo de doenças de plantas.

Corbett, (1974) referiu que as pseudomonadas fluorescentes inibem o funcionamento correto das enzimas e dos receptores naturais através de um mecanismo de inibição reversível.

Glick, (1995) e Kloepper, (1993) referiram que as PGPR aumentam o crescimento das plantas por meios directos e indirectos, mas os mecanismos específicos envolvidos não foram bem caracterizados. Também afirmaram que as PGPRs que sintetizam auxinas e citocininas ou aquelas que interagem com a síntese de etileno da planta.

Bashan e Levanony, (1991) referiram que o aumento direto da absorção de minerais se deve ao aumento dos fluxos específicos de iões na superfície da raiz na presença de PGPR.

Johnson e Carl, (1972) referiram que o conceito de biocontrolo das doenças das plantas inclui a redução da doença ou a diminuição do potencial de inóculo de um agente patogénico provocada direta ou indiretamente por outras agências biológicas.

Baker, (1977) referiu que, fora do hospedeiro, o agente de controlo biológico pode ser antagonista e, assim, reduzir a atividade, a eficiência e a densidade de inóculo do agente patogénico através de antibiose, competição e predação/hiperparasitismo.

Howell e Stipanovic, 1979, referiram que uma estirpe de *Pseudomonas fluorescens* apresentava propriedades antagonistas contra *Rhizoctonia solani.* Afsharmanesh H *et al.* (2006) referiram que as pseudomonas fluorescentes inibiam o agente causal de *Rhizoctonia solani.*

Chand e Logan, 1984, referiram que várias estirpes de *Pseudomonas fluorescens* isoladas da rizosfera de plantas de batata eram antagonistas de *Rhizoctonia solani in vitro* e reduziam eficazmente o cancro do caule em condições laboratoriais.

Gupta *et al.* (1999) isolaram *P. aeruginosa* da rizosfera da batata, que apresentou uma forte atividade antagonista contra importantes agentes patogénicos fúngicos, *nomeadamente Macrophomina phaseolina* e *Fusarium oxysporum.*

Kim *et al.*, 2000 relataram que as *Pseudomonas* sp. exibiram atividade antifúngica contra os agentes patogénicos das plantas, *Pythium ultimum, Rhizoctonia solani, Phytophthora capsici, Botrytis cinerea* e *Fusarium oxysporum.*

Tripathi e Johri (2002) estudaram o potencial de biocontrolo *in vitro* de pseudomonadas fluorescentes recuperadas do rizoplano e da rizosfera da ervilha e do trigo contra *Colletotrichum dematium, Rhizoctonia solani* e *Sclerotium rolfsii* e concluíram que restringiam o crescimento dos três agentes patogénicos, mas eram mais eficazes contra *Rhizoctonia solani.*

Deepti e Johri, 2003, referiram que as Pseudomonas suprimem os agentes patogénicos fúngicos do solo através da produção de metabolitos antifúngicos como a pioluteorina, a pirrolnitrina, as fenazinas e o 2,4-di-acetil-floroglucinol.

Srivastava *et al.*, 2004 referiram que as culturas de pseudomonadas apresentavam grandes variações (0 - 130%) na inibição de *Aspergillus niger, Curvularia lunata, Rhizoctonia solani, Fusarium oxysporum* e *Pythium aphanidermatum* em condições *in vitro.*

Saikia *et al.* (2004) relataram que *Pseudomonas* sp. RSB29 mostrava uma inibição significativa de agentes patogénicos fúngicos *viz., Fusarium oxysporum* f. sp. *ciceri* RS1, *Macrophomina phaseolina* RSB9, *Fusarium udum* RSB19, *Fusarium solani* RSB38 e *Rhizoctonia solani* BH49.

Ahmadzadeh *et al.* (2003) referiram que as rizobactérias antagonistas, mais especificamente as pseudomonadas fluorescentes e certas espécies de *Bacillus,* possuíam a capacidade de controlar as doenças fúngicas e bacterianas das raízes das culturas agronómicas.

Manmeet e Thind (2002) avaliaram a atividade antagonista *in vitro* de *Bacillus subtilis, Pseudomonas fluorescens, Trichoderma harzianum* e *Penicillium notatum* contra

Xanthomonas oryzae pv. *oryzae,* o agente causal do míldio bacteriano do arroz, e concluíram que *B. subtilis, P. fluorescens* e *T. harzianum* inibiam o agente patogénico.

Haas e Defago (2005) referiram que, durante a colonização das raízes, as pseudomonadas fluorescentes produzem antibióticos antifúngicos, induzem resistência sistémica na planta hospedeira ou interferem especificamente com factores de patogenicidade fúngica.

Suslow (1982) relatou que as PGPR impediram que as rizobactérias deletérias colonizassem a beterraba sacarina em todo o seu potencial, presumivelmente porque as PGPR ocupam e excluem as rizobactérias deletérias das junções celulares corticais, onde a exsudação do nutriente é máxima.

CAPÍTULO III

MATERIAIS E MÉTODOS

3.1 Amostras de solo da rizosfera do arroz

As amostras de solo foram recolhidas nos campos dos agricultores no distrito de Madurai, em Tamilnadu, na Índia. As amostras de solo foram recolhidas da região da rizosfera das plantas de arroz e mantidas em sacos de polipropileno estéreis. As amostras recolhidas foram levadas para o laboratório para isolamento.

3.11 Isolamento de *Pseudomonas* sp.

10g de amostras de solo da rizosfera do arroz foram dissolvidos em 90ml de água destilada estéril e agitados a 150rpm durante 20 minutos. Em seguida, as amostras de solo foram diluídas em série até 10^{-9} e colocadas (0,1 ml) em meio de ágar King's B (KBA) (King et al 1954). As placas foram incubadas durante 24-48 horas a 37°C. As colónias que mostraram fluorescência a 365 nm foram seleccionadas, purificadas e utilizadas para estudo.

3.12 Armazenamento

As Pseudomonas sp. foram cultivadas em caldo King's B e incubadas a 28°C durante a noite. 0,5 ml da cultura nocturna foi suspenso em 0,5 ml de solução de glicerol esterilizada (80% v/v). Alíquotas de 1 ml foram distribuídas em frascos criogénicos e congeladas a -36°C.

3.2 Caracterização de *Pseudomonas* sp.

As *Pseudomonas* sp. potentes foram caracterizadas por métodos morfológicos e bioquímicos. Os métodos morfológicos consistem na observação macroscópica e microscópica. Foram efectuados diferentes testes fisiológicos sugeridos no Bergey's Manual of Determinative Bacteriology (Williams et al., 1994) para identificar o isolado.

Foram efectuados vários testes bioquímicos para a identificação dos isolados potentes, tais como o teste do indol, o teste do vermelho de metilo, o teste de Voges

Proskauer e a liquefação da gelatina. Foram também efectuados testes de produção de enzimas líticas para protease, amilase e celulase.

3.21 Coloração de Gram

Foi efectuado um esfregaço fino da cultura numa lâmina de vidro limpa. O esfregaço foi seco ao ar e fixado ao calor. Em primeiro lugar, o esfregaço foi inundado com violeta cristalino, deixado em repouso durante 30 segundos e lavado com água destilada. Em seguida, o esfregaço foi inundado com a solução de iodo durante 1 minuto. A solução de iodo foi lavada com água destilada e o esfregaço foi descolorado com etanol a 95% até ao desaparecimento de qualquer mancha. A lâmina foi novamente lavada com água destilada e contra-corada com safranina durante 30 segundos. A lâmina foi novamente lavada com água destilada, seca e examinada ao microscópio.

3.22 Teste de motilidade

Pegou-se numa lâmina de cavidade limpa e colocou-se nela uma gota de caldo de cultura com 24 horas. Em seguida, cobriu-se a lâmina com uma folha de cobertura com gordura colocada nos quatro bordos. Agora a lâmina foi mantida sob o microscópio e foi observada a motilidade do organismo.

3.23 Ensaio de produção de indole

Inoculou-se uma alçada de cultura no caldo de indol e incubou-se à temperatura ambiente durante 24-48 horas. Após a incubação, foram adicionadas 10 gotas do reagente de Kovac; uma cor vermelha na camada de álcool é um resultado positivo.

3.24 Ensaio do vermelho de metilo

Um tubo de caldo MR-VP (5 ml) foi inoculado com cultura pura fresca (18 a 24 horas) e incubado a 35°C durante 48 horas. Foram transferidos 2,5 ml de cultura para um novo tubo de cultura estéril. Foram adicionadas 5 gotas do reagente vermelho de metilo. O organismo testado foi comparado com as culturas de controlo para interpretar imediatamente o resultado.

3.25 Teste de Voges-Proskauer

Os restantes 2,5 ml de cultura cultivada em caldo MR-VP foram adicionados com 0,6 ml (ou 12 gotas) do reagente A de Barritt. Em seguida, foram adicionados 0,2 ml (ou 4 gotas) do reagente B de Barritt. Os tubos foram agitados durante 30 segundos a 1 minuto para expor o meio ao oxigénio atmosférico (necessário para a oxidação da acetoína para obter uma reação colorida). Em seguida, deixou-se o tubo em repouso durante pelo menos 30 minutos. Em seguida, o resultado do teste foi comparado com o do controlo.

3.26 Seleção de pseudomonadas fluorescentes

Todas as 30 estirpes de Pseudomonas sp. foram analisadas através da técnica de placa dupla (Huang e Hoes, 1976) contra *Rhizoctonia solani*, o agente patogénico do míldio da bainha do arroz. Um tampão micelial de 5,0 mm de diâmetro de cada fungo, com 3 dias de idade, foi cortado com uma broca de cortiça estéril e transferido para uma placa de PDA pré-crescida com P*seudomonas* sp FP 20. O tampão fúngico foi adicionalmente colocado em placas de PDA não inoculadas separadamente como tratamento de controlo. O crescimento radial do fungo na direção do antagonista, tanto nas placas de controlo como nas placas de cultura dupla, foi medido 2 dias após a inoculação de *R.solani*. Estas estirpes foram novamente analisadas quanto ao seu amplo espetro de atividade antagonista contra *Alternaria alternata, Fusarium udum e Macrophomina phaseolina*.

3.27 Liquefação da gelatina

Cerca de 5 ml de meio de gelatina foram colocados em tubos de ensaio e autoclavados. Após arrefecimento, foram inoculados com cultura e incubados a 28°C durante 48 horas. Os tubos foram colocados a 4°C durante 30 minutos antes de se registar o resultado da hidrólise da gelatina.

3.3 Ensaios de produção enzimática

3.31 Enzima protease

A cultura foi semeada no meio de ágar de leite desnatado em placas de Petri e incubada à temperatura ambiente. Após 2 dias, as placas foram inundadas com solução de cloreto de mercúrio e observou-se o desenvolvimento de uma zona clara à volta do crescimento.

3.32 Enzima celulase

A cultura foi semeada no meio de ágar CMC em placas de Petri e incubada à temperatura ambiente. Após 2 dias, as placas foram inundadas com solução de vermelho Congo e observou-se o desenvolvimento de uma zona clara à volta do crescimento.

3,33 Enzima amilase

A cultura foi semeada no meio de ágar-amido em placas de Petri e incubada à temperatura ambiente. Após 2 dias, as placas foram inundadas com solução de iodo e observou-se o desenvolvimento de uma zona clara à volta do crescimento.

3.4 Cultivo de *Pseudomonas* sp FPMKU20

1 ml de inóculo (de um dia para o outro) de *Pseudomonas* sp FP 20 foi inoculado em 100 ml de caldo King's num frasco cónico de 250 ml. Posteriormente, incubou-se a 28°C num agitador orbital a 150 rpm durante 24 horas. Após o tempo de incubação, as culturas foram centrifugadas a 5.000 rpm durante 15 min. O sobrenadante foi mantido e a biomassa foi lavada várias vezes com água desionizada e esterilizada. A biomassa foi então autolisada para libertar as enzimas intracelulares e outros componentes para a solução aquosa, suspendendo um peso conhecido da biomassa húmida (10 g) em 50 ml de água desionizada esterilizada. Em seguida, incubou-se a 28°C num agitador orbital a 150 rpm durante 72 h. Após a incubação, o conteúdo do frasco foi filtrado com papel de filtro Whatman n.º 1 e o filtrado foi subsequentemente utilizado para a biossíntese.

3.5 Biossíntese de nanopartículas de prata

50 ml do filtrado da cultura foram misturados com 50 ml de solução de nitrato de prata 1 mM. Em seguida, incubou-se a 28°C num agitador orbital a 150 rpm no escuro, juntamente com o controlo (apenas solução de nitrato de prata) durante 72- 96 horas. O sobrenadante sem células também foi testado com uma solução de nitrato de prata 1 mM.

Para a análise espetral UV-Vis, foram retiradas amostras de 1 ml a intervalos de 24 horas e a absorvância foi medida a 420 nm.

A difração de raios X foi realizada para confirmar a identificação das nanopartículas de prata obtidas a partir da análise espetral UV-Vis. Para a análise de XRD, as amostras foram preparadas como uma película de nanopartículas de prata em lâminas de vidro a partir de uma gota de nanopartículas coloidais secas à temperatura ambiente durante a noite. As amostras em pó de nanopartículas de prata foram investigadas com o método de difração de raios X. Os espectros de XRD foram obtidos utilizando um difratómetro XPERT-PRO com o ânodo de cobre (40 KV e 30 mA) e varrimento de 24°-85° na posição 2 Θ. Os depósitos cristalinos obtidos a partir da superfície dos espécimes de argamassa tratados foram adicionados ao suporte de amostras.

Para os estudos de microscopia de força atómica, as amostras foram preparadas colocando uma gota da solução coloidal de nanopartículas de prata numa lamela e deixando secar durante a noite à temperatura ambiente.

3.6 Atividade antibacteriana

A atividade antibacteriana de *Pseudomonas* sp FPMKU20 foi determinada utilizando o método da estria perpendicular. Foi feita uma única estria da cultura na superfície do ágar nutriente. Os organismos de teste utilizados foram *E.coli, S.viridinus, Streptococcus sp., Staphylococcus aureus, Pseudomonas sp, Klebsiella sp., Bacillus sp., Salmonella sp., Klebsiella pneumonia* e *Pseudomonas aeruginosa.* Depois de se observar um bom crescimento em forma de fita nas placas de Petri, os organismos de teste foram semeados em ângulos rectos em relação à estria original de *Pseudomonas* sp e as placas foram incubadas a 30°C durante 24 a 48 horas. Após a incubação, foi medido o comprimento do crescimento da estria. A diminuição do comprimento do crescimento em relação à estria inoculada indica inibição do crescimento (Gurung, 2009).

CAPÍTULO IV

RESULTADOS E DISCUSSÃO

4.1 Coloração de Gram

O teste foi efectuado de acordo com o procedimento (explicado anteriormente). As colónias de cor vermelha em forma de bastonete foram observadas ao microscópio ótico (40X).

4.2 Técnica da gota suspensa

Esta técnica foi efectuada de acordo com o procedimento explicado anteriormente. Ao efetuar esta técnica, o nosso organismo de teste apresenta motilidade.

4.3 Testes bioquímicos

O teste de produção de indol, o teste do vermelho de metilo, o teste de Vogas-Proskauer, a hidrólise do amido e a liquefação da gelatina foram efectuados de acordo com o procedimento explicado anteriormente. Os resultados foram tabulados na Tabela-2.

4.4 Isolamento e rastreio de *Pseudomonas* sp.

Um total de 30 *Pseudomonas* sp. foi isolado de solos da rizosfera do arroz e analisado quanto à atividade antifúngica contra *R. solani*. Entre os 30, 15 isolados exibiram atividade antagonista e produziram zonas de inibição que variaram entre 1,3 cm e 3,0 cm. Entre os 15, o isolado designado *Pseudomonas* sp. FPMKU20 mostrou a maior atividade antifúngica num amplo espetro de fitopatógenos como *A. alternata, F. Udum e M. Phaseolina*.

Quadro 1: Antagonismo *in vitro* de isolados de *Pseudomonas* sp. contra agentes patogénicos das plantas

Agentes patogénicos para as plantas	N.º de isolados antagonistas	Zona de inibição (cm)
Rhizoctonia solani	22	1.3- 3.0

Alternaria alternata	7	0.6- 2.0
Fusarium udum	4	0.1-0.3
Macrophomina phaseolina	10	0.1-1.1

4.5 Identificação de *Pseudomonas* sp. FPMKU20

A estirpe selecionada **FPMKU20** foi identificada como *Pseudomonas* sp. com base na

estudos de ensaios de características fisiológicas, morfológicas e bioquímicas.

Tabela 2: Características fisiológicas e bioquímicas de *Pseudomonas* sp. FPMKU20

Teste bioquímico	Características
Coloração de Gram	-
Motilidade	móvel
Produção de pigmento difusível	-
Ensaio do indole	-
Teste do vermelho de metilo	-
Teste Voges proskauer	+
Hidrólise do amido	+
Liquefação da gelatina	+
Produção de enzimas líticas	**Características**
Amilase	+
Protease	+
Celulase	+

+, resposta positiva; -, resposta negativa; ±, resposta fraca

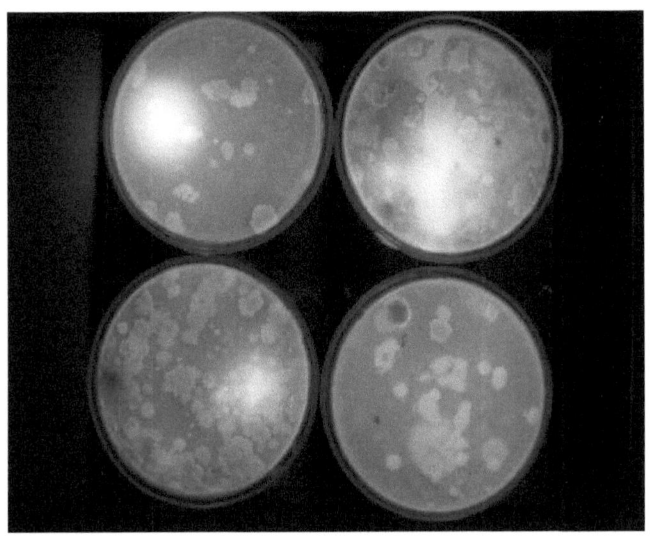

Figura 1: Placa de diluição em série

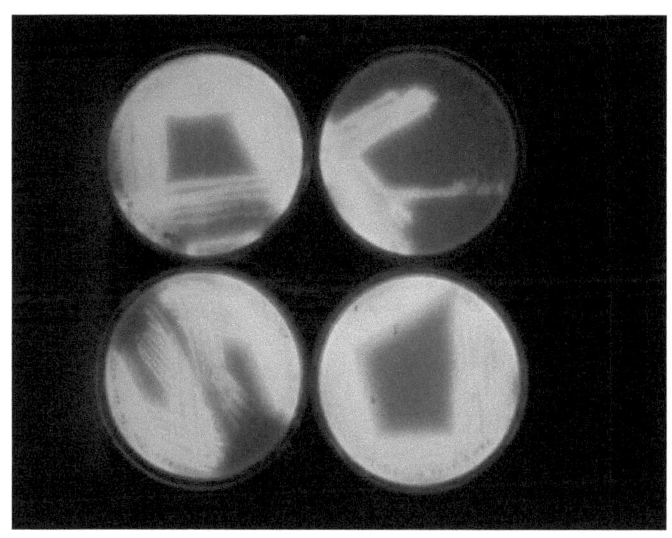

Figura 2: Isolados de pseudomonadas fluorescentes puras

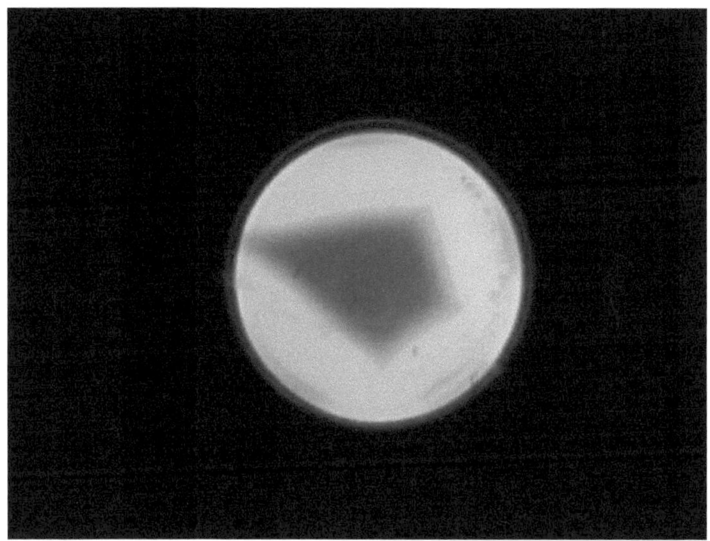

Figura 3: *Pseudomonas sp.* **FPMKU20**

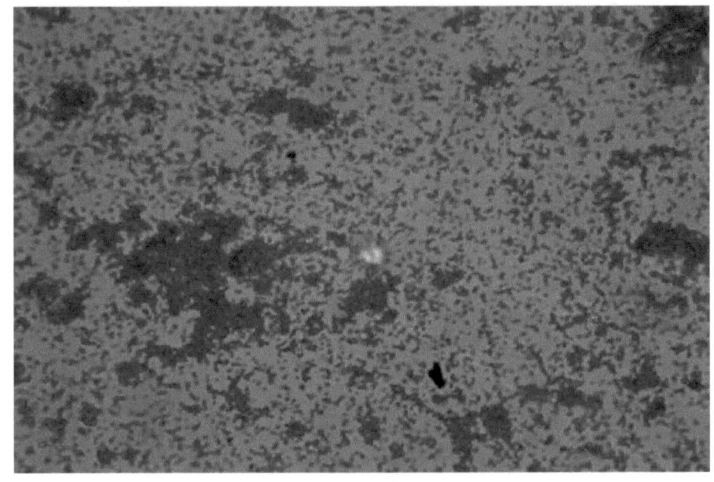

Figura 4: Coloração de Gram

Figura 5: Ensaio com indole

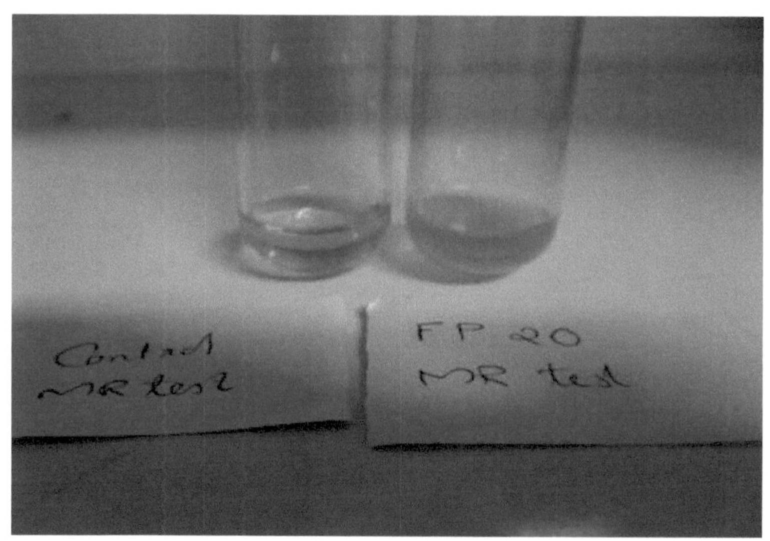

Figura 6: Ensaio com vermelho de metilo

Figura 7: Ensaio Vogas proskauer

31

Tabela 3. Atividade antagonista de *Pseudomonas sp.* contra agentes patogénicos de fungos de plantas

Núme ro de série	Número de isolamento	*Rhizocton ia solani*	*Alternari a alternata*	*Macrophomi na phaseolina*	*Fusarium udum*
1	FP01	20	nulo	4	nulo
2	FP02	Nulo	nulo	nulo	nulo
3	FP03	Nulo	nulo	2.5	nulo
4	FP04	17	nulo	nulo	nulo
5	FP05	Nulo	nulo	nulo	nulo
6	FP06	Nulo	nulo	nulo	nulo
7	FP07	20	nulo	nulo	nulo
8	FP08	Nulo	7.75	nulo	nulo
9	FP09	20	nulo	1.75	nulo
10	FP10	15	nulo	nulo	nulo
11	FP11	20	nulo	2.5	3.25
12	FP12	Nulo	nulo	nulo	nulo
13	FP13	20	nulo	nulo	nulo
14	FP14	14	nulo	nulo	nulo
15	FP15	16	nulo	nulo	nulo
16	FP16	Nulo	nulo	nulo	nulo
17	FP17	17	nulo	nulo	nulo
18	FP18	29	nulo	4	8.25
19	FP19	30	20	8	5.25
20	FP20	27	16.75	10.75	11.75
21	FP21	Nulo	nulo	nulo	nulo
22	FP22	14	nulo	nulo	nulo
23	FP23	28	15.25	nulo	nulo
24	FP24	14	11.75	nulo	nulo
25	FP25	25	nulo	1.75	nulo
26	FP26	18	nulo	1.5	nulo
27	FP27	15.3	nulo	nulo	nulo
28	FP28	13	6.75	nulo	nulo
29	FP29	14	9.75	nulo	nulo
30	FP30	19	nulo	3	nulo

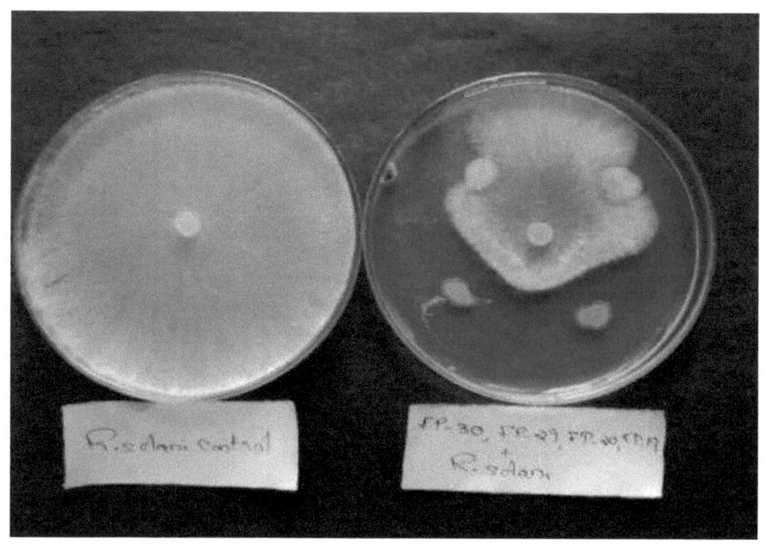

Figura 8: *Pseudomonas* sp. + *Rhizoctonia solani*

Figura 9: *Pseudomonas* sp. + *Alternaria alternata*

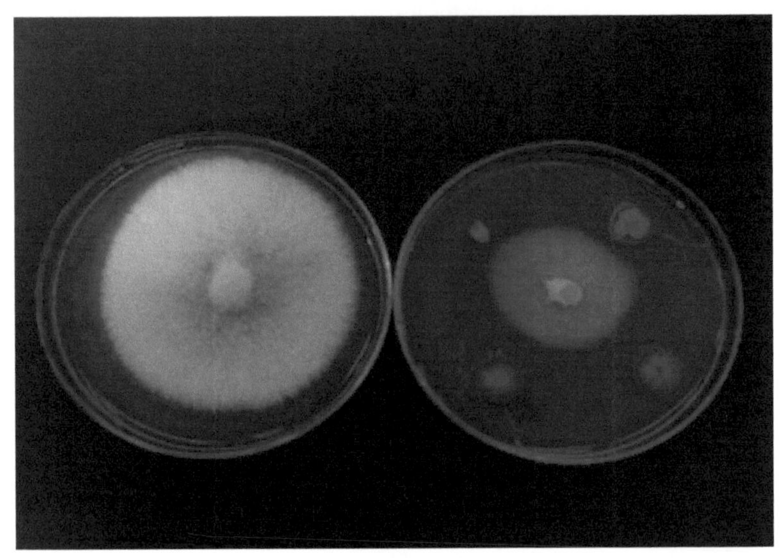

Figura 10: *Pseudomonas* **sp. +** *Fusarium udum*

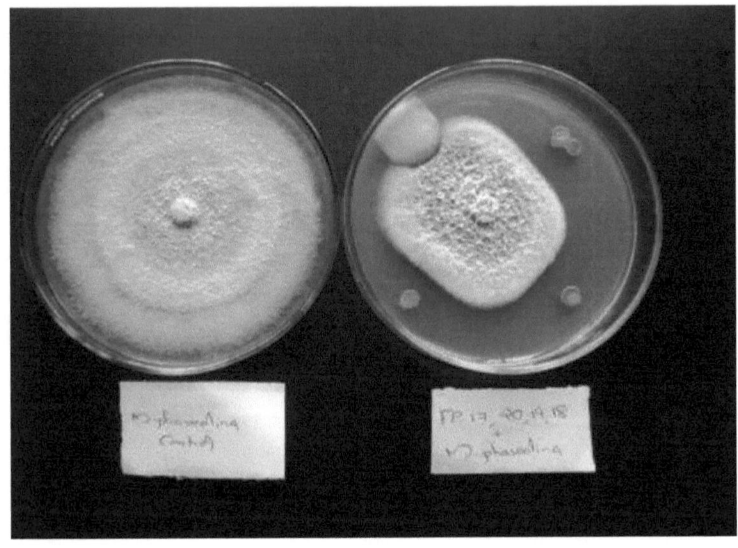

Figura 11: *Pseudomonas* **sp. +** *Macrophomina phaseolina*

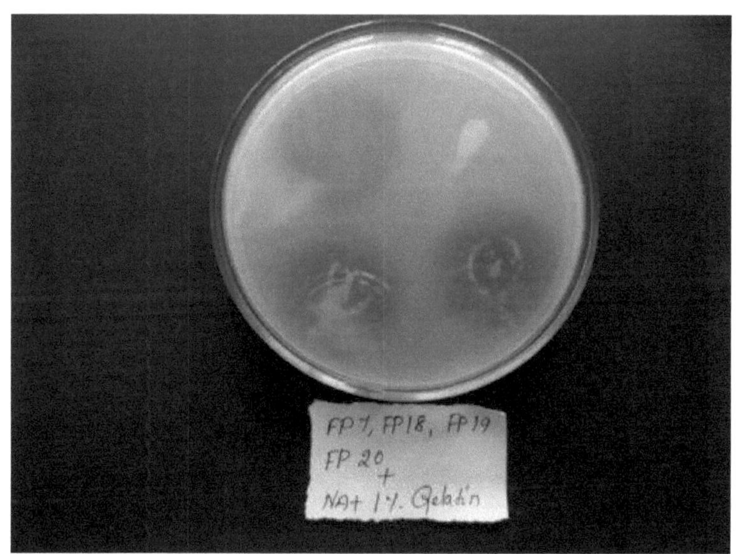

Figura 12: Liquefação da gelatina

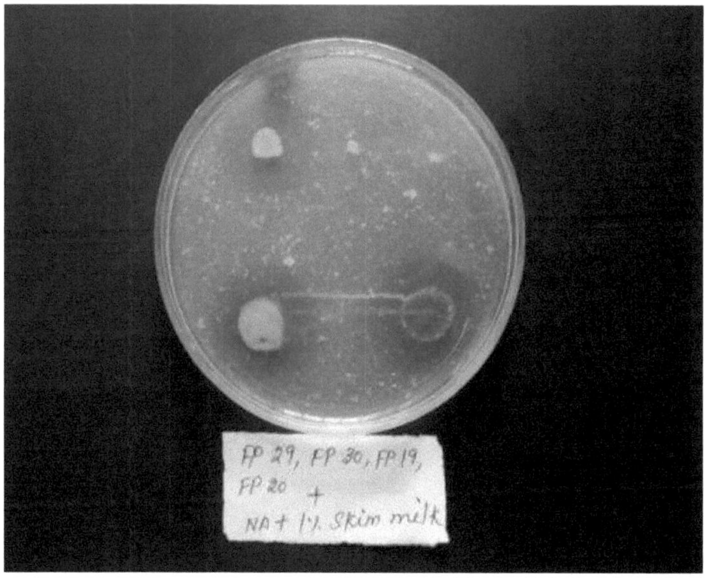

Figura 13: Produção de enzimas proteases

35

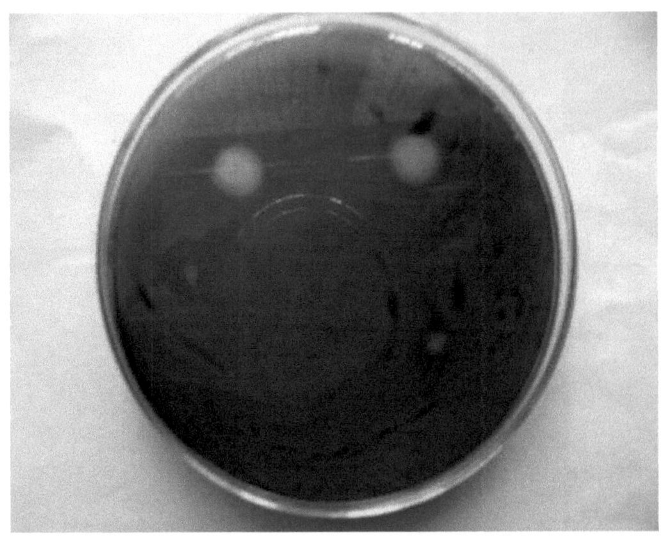

Figura 14: Produção de amilase

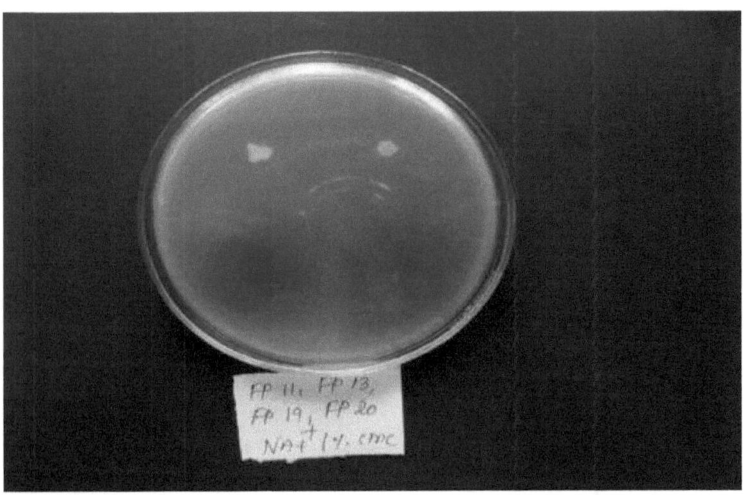

Figura 15: Produção da enzima celulase

Figura 16: Biossíntese de nanopartículas de prata

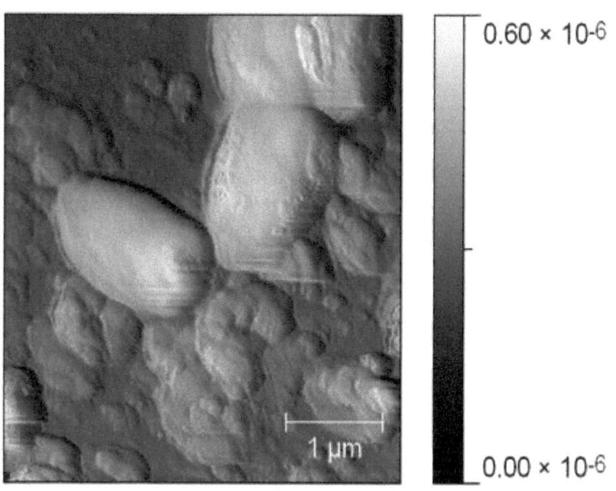

Figura 17: Imagem AFM de nanopartículas de prata mediadas por *Pseudomonas* sp. FPMKU20

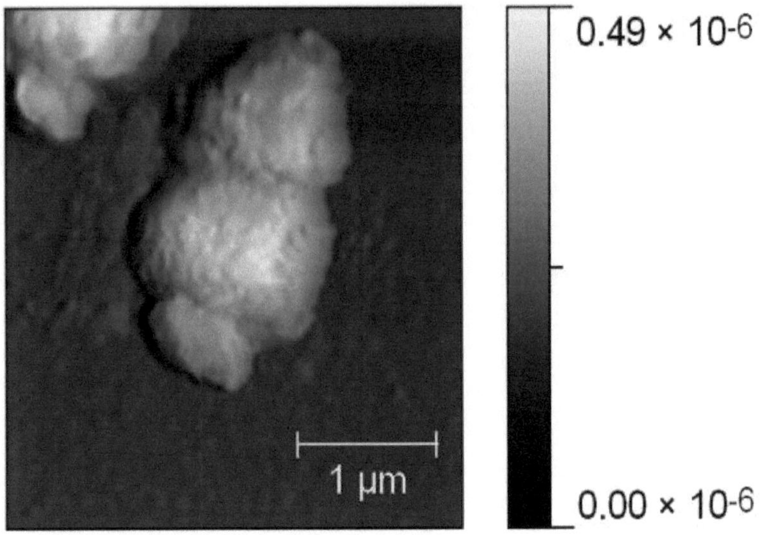

Figura 18: Imagem AFM de nanopartículas de prata mediadas por *Pseudomonas* sp. FPMKU20

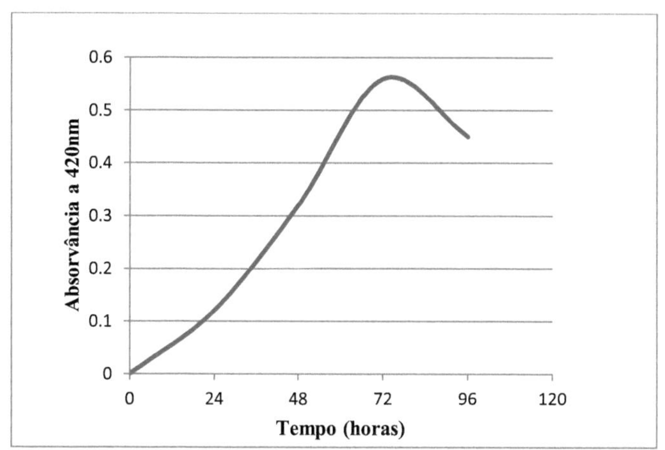

Figura 19: Espectro UV- VIS

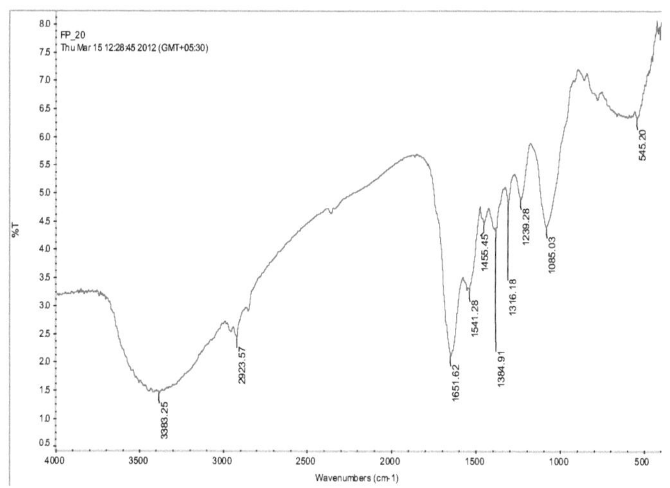

Figura 20: Espectro FTIR

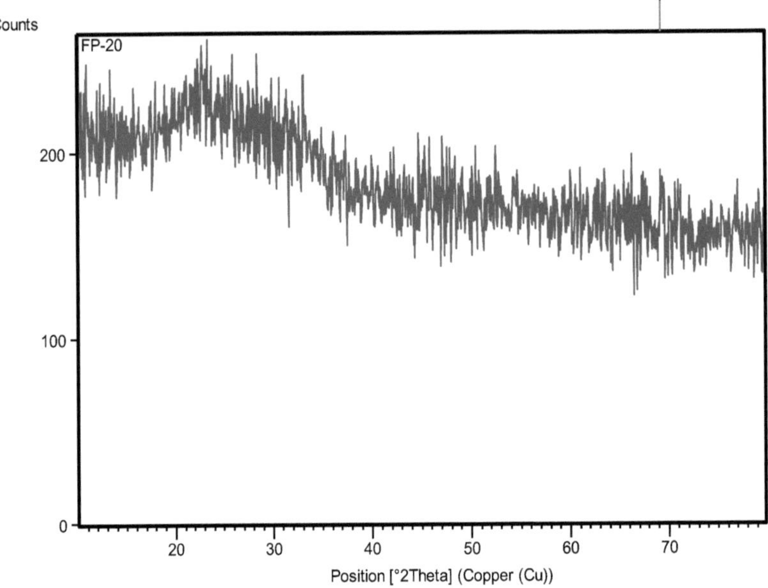

Tabela 4: Atividade antibacteriana de isolados de *Pseudomonas* seleccionados

Núme ro de série	Isolar Não	1	2	3	4	5	6	7	8	9	10
1	FPMKU07	nulo	nulo	nulo	nulo	nulo	nulo	nulo	nulo	nulo	nulo
2	FPMKU09	nulo	nulo	nulo	nulo	nulo	nulo	nulo	nulo	nulo	nulo
3	FPMKU11	nulo	nulo	nulo	nulo	nulo	nulo	nulo	nulo	nulo	nulo
4	FPMKU18	11	nulo	22	10	nulo	1	nulo	nulo	nulo	nulo
5	FPMKU19	6	nulo	nulo	7	nulo	nulo	nulo	nulo	nulo	nulo
6	FPMKU20	7	nulo	8	11	nulo	nulo	nulo	nulo	nulo	nulo
7	FPMKU23	nulo	nulo	nulo	nulo	nulo	nulo	nulo	nulo	nulo	nulo
8	FPMKU25	nulo	nulo	nulo	nulo	nulo	nulo	nulo	nulo	nulo	nulo

onde

1. *E.coli*, .2. *S. viridinus* 3. *Streptococcus* sp. 4. *Staphylococcus aureus*, 5. *Pseudomonas* sp. 6. *Klebsiella* sp. 7. *Bacillus* sp. 8. *Salmonella* sp. 9. *Klebsiella pneumonia* e 10. *Pseudomonas aeruginosa*.

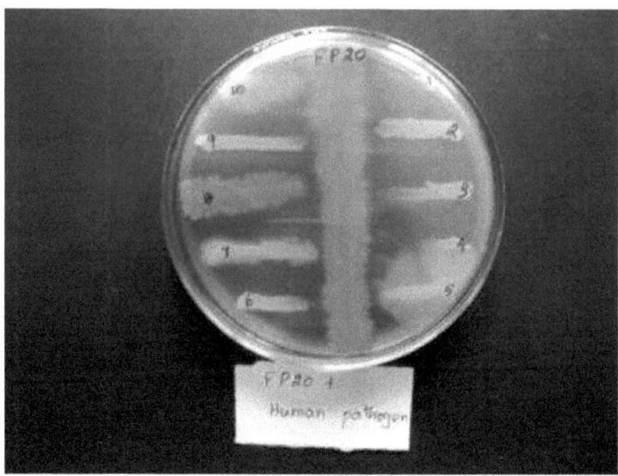

Figura 22: *Pseudomonas* sp. FP20 + agentes patogénicos humanos

Verificou-se que os iões de prata aquosos, quando expostos ao extrato bacteriano, foram reduzidos em solução, levando à formação de hidrossol de prata. A biomassa bacteriana tinha uma cor amarela pálida antes da adição de iões de prata e esta mudou para uma cor acastanhada escura, sugerindo a formação de nanopartículas de prata. O sobrenadante sem células tratado com nitrato de prata manteve a sua cor original, ou seja, amarelo-verde, enquanto a biomassa tratada com nitrato de prata ficou vermelha.

O nitrato de prata é considerado há muito tempo como um antibiótico e agente antibacteriano poderoso e natural. As nanopartículas de prata exibiram propriedades antibacterianas contra agentes patogénicos bacterianos com uma ligação estreita das próprias nanopartículas com as células microbianas.

A nitidez dos picos no espetro UV indica claramente que as partículas se encontram no nanoregime. O tamanho médio das nanopartículas de prata é estimado entre 10nm e 40nm, de acordo com o relatório observado na análise AFM. Os organismos eucarióticos, como os fungos, podem ser utilizados para produzir nanopartículas de diferentes composições químicas e tamanhos. Vários géneros diferentes de fungos foram investigados neste esforço e foi demonstrado que os fungos são candidatos extremamente bons para a síntese de nanopartículas de ouro (Mandal *et al*, 2006) e Mukherjee, 2001)

O mecanismo exato da biossíntese das nanopartículas de prata não é conhecido. No entanto, foi levantada a hipótese de que os iões de prata necessitavam da enzima nitrato redutase dependente de NADPH para a sua redução, que era segregada pelas bactérias no seu ambiente extracelular (Kalishwaralal *et al*., 2008).

A difração de raios X foi realizada para confirmar a natureza cristalina das partículas. O padrão de XRD mostra dois picos intensos em todo o espetro com valores de 2Ø que variam entre 20 e 80. Uma comparação do espetro de XRD com o padrão confirmou que as partículas de prata formadas no presente estudo estavam na forma de nano-cristais, como é evidente a partir do pico em 2Ø valores de 38,2 e 69,3. O resultado da AFM mostra que as partículas variam de 10 a 100 nm. Foram efectuadas medições de FTIR para identificar possíveis interacções entre os sais de prata e as moléculas de proteínas, que poderiam explicar a redução dos iões de prata e a estabilização das nanopartículas de prata formadas após 72 horas. As ligações amida entre os resíduos de aminoácidos nas proteínas dão origem a assinaturas bem conhecidas na região infravermelha do espetro eletromagnético. As bandas observadas a 3383 cm^{-1} e 2923 cm^{-1} foram atribuídas às vibrações de estiramento das aminas primárias e secundárias, respetivamente. As bandas observadas a 1384 cm^{-1} e 1085 cm^{-1} correspondem a vibrações de estiramento -C-N, enquanto a banda a 1455 cm^{-1} é caraterística de grupos de estiramento de amina e amino-metilo. A banda observada a 1651 cm^{-1} é caraterística de grupos carbonilo - C=O e de estiramento -C=C-. A observação geral confirma a presença de proteínas nas amostras de nanopartículas de prata.

A atividade antimicrobiana do organismo foi investigada contra organismos patogénicos utilizando o método de estrias perpendiculares.

CAPÍTULO V

CONCLUSÃO

A presente investigação demonstra o papel das nanopartículas de prata mediadas por *Pseudomonas* sp. da rizosfera do arroz no controlo biológico de vários agentes patogénicos fúngicos através de uma ação antagonista *in vitro*. Assim, o tratamento biológico não só reduz as doenças, como também aumenta o crescimento das plantas, especialmente no âmbito do sistema integrado de gestão de doenças, o que pode melhorar enormemente o crescimento das culturas e a abordagem ecológica. Foram sintetizadas nanopartículas de prata mediadas por *Pseudomonas* sp. As pseudomonas fluorescentes foram isoladas do solo da rizosfera do arroz do distrito de Madurai, Tamilnadu. As nanopartículas de prata foram produzidas por adição de nitrato de prata 1mM ao filtrado de cultura de *Pseudomonas* sp. As nanopartículas foram caracterizadas por espetrometria UV, AFM, FTIR e XRD. O desafio mais importante na nanotecnologia é ser rentável, o que pode ser conseguido utilizando esta síntese microbiana, que tem muitas aplicações no biocontrolo de doenças fúngicas das plantas, com a caraterística de flexibilidade e facilidade de processamento. Através desta investigação, concluímos que as nanopartículas de prata mediadas por *Pseudomonas* sp. FPMKU20 seriam um potencial agente de biocontrolo para vários agentes patogénicos de fungos de plantas. Além disso, as estirpes foram consideradas bioactivas, mostrando um efeito inibitório sobre importantes agentes patogénicos humanos. É evidente que esta estirpe pode ser utilizada para sintetizar nanopartículas bioactivas de forma eficiente, utilizando substâncias baratas de uma forma ecológica e não tóxica.

<u>CAPÍTULO VI</u>

<u>REFERÊNCIAS</u>

AHMADZADEH, M., SHARIFI, T.A., HEJAROUD, G., ZAD, J., OKHOVVAT, M. E MOHAMMADI, M., 2003. Efeitos de pseudomonadas fluorescentes sobre *Pythium ultimum*, agente casual da podridão das sementes do feijão comum. *Iranian Journal of Agricultural Sciences*, **34**(4): 793-807.

ANITH, K.N., RADHAKRISHNAN, N.V., E MANOMOHANDAS, T.P., 2002. Gestão da murcha de viveiro da pimenta preta (*Piper nigrum* L.) com bactérias antagonistas. *Current Science*, **83**(5): 561-562.

BAKER, K.F., 1977. Evolução dos conceitos de controlo biológico dos agentes patogénicos das plantas. *Revisão Anual de Fitopatologia*, **125**:67-85.

BASHAN, Y., E LEVANONY, H., 1991. Alterações no potencial de membrana e no efluxo de proteínas em raízes de plantas induzidas por *Azospirillum brasilense*. *Plant and Soil*, **137**: 99- 103.

BENIZRI, E., COURTADE, A., PICARD, C. E GUCKERT, A., 1998. Papel dos exsudados de raiz de milho na produção de auxinas por *Pseudomonas fluorescens*. *Soil Biology and Biochemistry*, **30**: 1481-1484.

CHAND, T., E LOGAN, C., 1984. Antagonistas e parasitas de *Rhizoctonia solani* e sua eficácia na redução do cancro do caule da batata em condições controladas. *Transanctions of British Mycological Society*, **38**:107-112.

COOK, R.S., E BAKER, K.F., 1983. The nature and practice of biological control of plant pathogens. *American Phytopathological Society, St Paul, Minn*, pp.539.

CORBETT, J.R., 1974. Conceção de pesticidas. In: The Biochemical mode of action of pesticides. Academic Press, Inc., Londres, 44-86.

CORNELLIS, P., E MATHIJS, S., 2002. Diversidade dos sistemas de absorção de ferro mediados por sideróforos em pseudomonas fluorescentes: não apenas as pioverdinas. *Environmental Microbiology*, **12**: 987-998.

DEEPTI, D., E JOHRI, B.N., 2003. Antifúngicos de pseudomonas fluorescentes: biossíntese e regulação. *Ciência Atual*, **85**(12): 1693-1703.

DEFAGO, G. E HAAS, D., 1990, Pseudomonads as antagonists of soil borne plant pathogens: mode of action and genetic analysis. *Soil Biochemistry, (Eds)* Bolley, J.M. and Stortzky, G. New York, Baul, **6**: 249-291.

Deweger, L. A., Vanboxtel, B., Vanderburg, R. A., Gruters, F., Geels, P., Schippers, B. e Lugtenberg, B., 1986. Sideróforos e proteínas da membrana externa de *Pseudomonas* sp. antagonistas, estimulantes do crescimento das plantas e colonizadoras de raízes. J. Bacteriol. **165:** 585-594.

DWIVEDI, D., E JOHRI, B.N., 2003. Antifúngicos de pseudomonas fluorescentes: Biosíntese e regulação. *Ciência Atual,* **85**: 1693-1703.

ELAD, Y., E CHET, I., 1987. Possible role of competition for nutrients in bio control of *Pythium* damping off by bacteria. *Phytopathology*, **77**: 190-195.

GEHRING, P.J., NOLAN, R.J., E WATANABE, P.G., 1993. Solventes, fumigantes e compostos relacionados. In: Handbook of Pesticide Toxicology, **Volume 2**, Eds., Hayes, W.J. e Laws, E.R., Academic Press Inc., San Diego, Califórnia, 646-649.

GENT, D.H., E SCHWARTZ, F., 2005. Gestão do *Xanthomonas* leaf blight da cebola com um ativador de plantas, agentes de controlo biológico e bactericidas de cobre. *Plant Disease,* **89**: 631-639.

GILL, P.R., E WARREN, G.J., 1988. Um agente estático de fungos antagonizados com ferro que não é necessário para a assimilação de ferro de um pseudomonad fluorescente da rizosfera. *Journal of Bacteriology*, **170**: 163-170.

GLICK, B.R., 1995. O aumento do crescimento das plantas por bactérias de vida livre. *Canadian Journal of Microbiology*, **41**: 109-117.

GUPTA, C.P., SHARMA, A., DUBEY, R.C., E MAHESHWARI, D.K., 1999. *Psuedomonas aeruginosa* (GRG) como um forte antagonista de *Macrophomina phaseolina* e

Fusarium oxysporum. Cytobios, **99**: 185-189.

GUTTERSON, N., ZIEGLE, J.S., E WARREN, G.J., 1988. Determinantes genéticos para a indução catabólica da biossíntese de antibióticos em *Pseudomonas fluorescens* HV37a. *Journal of Bacteriology*, **170**:380-385.

HAAS, D., E DEFAGO, G., 2005. Biological control of soil-borne pathogens by fluorescent pseudomonads. *Nature Reviews Microbiology*, **3**(4): 307-319.

HOWELL, C.R. AND STIPANOVIC, R.D., 1979, Control of *Rhizoctonia solani* on cotton seedlings with *Pseudomonas fluorescens* and with an antibiotic produced by the bacterium. *Phytopathology,* **69**: 480-482.

JAGADEESH, K.S., 2000. Seleção de rizobactérias antagonistas de *Ralstonia solanacearum*, causadora da murchidão bacteriana do tomateiro, e respectivos mecanismos de controlo biológico. *Tese de doutoramento,* Universidade de Ciências Agrícolas, Dharwad.

JENSEN, S.E., PHILLIPPE, L., TENG TSENG, J., STEMKE, G.W., E CAMPHELL, J.N., 1980. Purificação e caraterização de proteases extracelulares produzidas por um isolado clínico e uma estirpe de laboratório de *pseudomonas aeruginosa. Canadian Journal of Microbiology,* **26**: 77-86

JOHNSON, L.F., E CARL, E.A., 1972. Methods for Research on the Ecology of Soil Borne Plant Pathogens. *Burgees Minneopolis* p.247.

JOTHI, G., SIVAKUMAR, M., E RAJENDRAN, G., 2003. Management of root knot nematode by *P. fluorescens* in tomato. *Indian Journal of Nematology*, **33**(1): 61- 88

Kalishwaralal K, Deepak V, Ramakumarpandian S, Nelliah H e Sangiliyandi G 2008, Biossíntese extracelular de nanopartículas de prata pelo sobrenadante de Bacillus licheniformis, Mater let,62, 4411-4413.

KIM, K.., KANG, J., MOON, S., E KANG, K., 2000. Isolamento e identificação de N-butilbenzenossulfonamida antifúngica produzida por *Pseudomonas* sp. AB2. *Journal of*

Antibióticos, **53**(2): 131-136.

King, E.O., Ward, M.K., e Raney, D.E., 1954. Dois meios simples para a demonstração de Pyocianina e fluoresceína. J. Lab. Clin. Med. **44**: 301-307.

KLOEPPER, J.W., LEONG, J., TEINTZE, M., E SCHROTH, M.N., 1980. *Pseudomonas* siderophores: Um mecanismo que explica os solos supressores de doenças. *Current Microbiology*, **4**:317-320.

KLOEPPER, J.W., SCHROTH, M.N., E MILLER, T.D., 1980b. Effects of rhizosphere colonization by plant growth promoting rhizobacteria on potato plant development and yield. *Phytopathology*, **70**: 1078-1082.

KLOEPPER, J.W., 1993, Plant growth promoting rhizobacteria as biological control agents. In: *Soil Microbial Ecology*, (*Eds*), Metting F.b. Jr., Marcel. Dekker Inc., pp.255-274.

Lengke, F.M., Fleet, E.M., e Southam, G., 2007. Biossíntese de nanopartículas de prata por cianobactérias filamentosas a a partir de um complexo de nitrato de prata (I), *Langmuir*, 23, 2694- 2699.

MANMEET, M., E THIND, B.S., 2002. Gestão do míldio bacteriano do arroz com agentes biológicos. *Plant Disease Research*, **17**(1): 21-28.

Masoud Ahmadzadeh, Hamideh Afsharmanesh, Mohammad Javan-Nikkhah, Abbas Sharifi-Tehrani, Identification of some molecular traits in fluorescent pseudomonads with antifungal activity, *IRANIAN JOURNAL of BIOTECHNOLOGY*, Vol. **4**, No. 4, October 2006.

D. Mandal, M. E. Bolander, D. Mukhopadhyay, G. Sarkar & P. Mukherjee, Appl. Microbiol. Biotechnol. **69**, 485 (2006).

MANWAR, A.V., VAIGANKER, P.D., BHONGE, L.S., E CHINCHOLKAR, S.B., 2000. Supressão *in vitro* de agentes patogénicos das plantas por sideróforos de pseudomonas fluorescentes. *Indian Journal of Microbiology*, **40**: 109-112.

MERCADO-BLANCO, J., RODRIGUEZ-JURADO, D., HERVAS, A., E TIMNEZ-DIAZ, M., 2004. Supressão da murcha de Verticillium em plantas de oliveira por pseudomonas fluorescentes associadas às raízes. *Bicontrol*, **30**: 474-486.

P. Mukherjee, A. Ahmad, D. Mandal, S. Senapati, S. R. Sainkar, M. I. Khan, R. Parischa, P. V. Ajaykumar, M. Alam, R. Kumar & M., Nano Lett. **1**, 515 (2001).

Nagy, A. e Mestl, G. (1999). Reacções de oxidação parcial a alta temperatura sobre catalisadores de prata. *Appl Catal A*. 188,337.

PALLERONI, N.J., KUNISAWA, R., E CONTOPOULO, R., 1973. Homologias de ácidos nucleicos no género *Psuedomonas*. *International Journal of Systematic Bacteriology*, **23**:333-339.

Rabindran, R., e Vidhyasekaran, P., 1996. Desenvolvimento de uma formulação de *Pseudomonas fluorescens* PfALR2 para a gestão do míldio da bainha do arroz. *Proteção das culturas* **15**:715-721.

RAMETTE, A., FRAPOLLI, M., DEFAGO, G. E MOENNE-LOCCOZ, Y., 2003, Phylogeny of HCN synthase - encoding '*hcnbc*' genes in bio control fluorescent pseudomonads and its relationship with host plant species and HCN synthesis ability. *Biologia Molecular da Interação Planta-Micróbio,* **16**: 525-235.

SAIKIA, R., SINGH, K. E ARORA, D.K., 2004, Suppression of *Fusarium* wilt charcoal rot of chickpea by *Pseudomonas aeroginosa* RsB29. *Indian Journal of Microbiology,* **44** (3):181-184

SANDS1, D.C., E ROVIRA, A.D., 1970. Isolamento de Pseudomonas Fluorescentes com um Meio Seletivo. *Sociedade Americana de Microbiologia* Vol. **20**:513-514.

Shanahan, P., Sullivan, D. J. O., Simpson, P., Glennon, J. D., e Gara, F. O., 1992. Isolamento de 2, 4- diacetilcloroglucinol de uma pseudomonada fluorescente e investigação dos parâmetros fisiológicos que influenciam a sua produção. *Applied Environmental Microbiology* **58**: 353- 358.

SINDHU, S.S., SUNEJA, S., E DADARWAL, K.R., 1997. Rizobactérias promotoras do crescimento das plantas e o seu papel na produtividade das culturas. In: *Biotechnological Approaches in soil microorganisms for sustainable crop production* (Dadarwal, KRCN), Scientific Publishers, Jodhpur, India, pp. 149-191.

SPIERS, A.J., BUKLING, A. E RAINEY, P.B., 2005. The causes of *Pseudomonas* diversity. *Microbiology,* **146**(10): 2-9.

SRIVASTAV, S., YADAV, K.S. E KUNDU, B.S., 2004. Pseudomonas solubilizadoras de fosfato suprimem a doença do amortecimento do tomateiro. *Journal of Mycology and Plant Pathology,* **34**: 662-664.

O'sullivan, D.J., e O'Gara, F., 1992. Traços em Pseudomonas spp. fluorescentes envolvidos na supressão de patógenos de raízes de plantas. *Microbiol.Rev.* **56**(4):662.

Suresh, A., Pallavi, P., Srinivas, O., Praveen Kumar, V., Jeevan Chandra, S., e Ram Reddy, S., 2010. Actividades de promoção do crescimento de plantas de pseudomonas fluorescentes associadas a algumas plantas cultivadas. *Revista Africana de Investigação Microbiológica* Vol. **4**(14): 1491-1494.

SUSLOW, T.V., 1982. Papel das bactérias colonizadoras de raízes no crescimento do pH. In: *Phytopathogenic Prokaryotes*, (*Eds*), Mount, M.S. and Cacy, G.S., Academic Press, New York, pp.187-223.

SUSLOW, T.V. E SCHROTH, M.N., 1982. Rhizobacteria of sugar beets effect of seed application and root colonization on yield. *Phytopathology,* **72**: 199-206.

Tara Devi Gurung, Chringma Sherpa, Vishwanath Prasad Agrawal e Binod Lekhak (2009). Isolamento e Caracterização de Actinomicetos Antibacterianos de Amostras de Solo de Kalapatthar, Região do Monte Evereste Nepal Journal of Science and Technology 10 (2009) 173-182.

TRIPATHI, M. E JOHRI, B.N., 2002. Potencial antagonista *in vitro* de pseudomonas fluorescentes e controlo do míldio da bainha do milho causado por *Rhizoctonia solani*. *Indian Journal of Microbiology*, **42**: 207-214.

VOISARD, C., KEEL, O., HAAS, P. E DEFAGO, G., 1989. A produção de cianeto por *Pseudomonas fluorescens* ajuda a suprimir a podridão negra da raiz do tabaco sob condições antibióticas. *European Microbiological Journal*, **8**: 351-358.

VRANY, J., E FIKER, A., 1984. Crescimento e rendimento de plantas de batata inoculadas com bactérias da rizosfera. *Folia Microbiologia*, **29**: 248-253.

WELLER, D.M., 1985. Aplicação de pseudomonas fluorescens no controlo de doenças radiculares. In: *Ecology and Management of Soil Borne Plant Pathogens*, (*Eds*), Purker, C.S., Roura, A.D., Moore, K.J., Wang, P.T.W. e Kellmorgan J.F., American Phytopathological Society, St. Paul, pp.137-140.

WELLER, D.M., HOWKE, W.J., E COOK, R.J., 1988. Biological control of soil borne plant pathogens in the rhizosphere with bacteria. *Phytopathology*, **38**: 1094.

YUEN, C.Y., E SCHROTH, M.N., 1986. Interacções da estirpe E6 de *Pseudomonas fluorescens* com plantas ornamentais e seus efeitos na composição da microflora colonizadora de raízes. *Phytopathology*, **76**: 176-180.

Shankar, S. S., Ahmad, A. e Sastry, M. (2003). Biossíntese de nanopartículas de prata assistida por folhas de gerânio. *Biotechnology Prog.* 19,1627-1631.

Shibata, S., Aoki, K., Yano, T. e Yamane, M., (1998). *Journal of SOL-gel Science and Technology*. 11,279-286.

Willner I., Baron R.. e Willner B. (2006). Crescimento de nanopartículas metálicas por enzimas. *Advance Material*. 18, 1109-1120.

Shankar, S.S., Rai, A., Ahmad, A. e Sastry, M., (2004). Síntese rápida de nanopartículas de Au, Ag e bimetálicas com núcleo de Au e casca de Ag utilizando caldo de folhas de Neem (Azadirachta indica). *J. Colloid Interface Science*. 275, 496-502.

Morones, J. R. e Elechigerra, J. I. (2005). Interação de nanopartículas de prata com o HIV-1. *Nanotecnologia*, 16, 2346.

I want morebooks!

Buy your books fast and straightforward online - at one of world's fastest growing online book stores! Environmentally sound due to Print-on-Demand technologies.

Buy your books online at
www.morebooks.shop

Compre os seus livros mais rápido e diretamente na internet, em uma das livrarias on-line com o maior crescimento no mundo! Produção que protege o meio ambiente através das tecnologias de impressão sob demanda.

Compre os seus livros on-line em
www.morebooks.shop